CHANGEMENT CLIMATIQUE : TOUS VULNÉRABLES ?

Repenser les inégalités

Dans la même collection

Comment préserver les ressources naturelles ? Le mythe de la gestion participative, par Jérôme Ballet, J.-M. Kouamékan Koffi, Kouadio B. Koména et T. Mahefasoa Randrianalijaona, préface de Bernard Hubert, 2011, 60 pages.

Le Dommage écologique. Quelles responsabilités juridiques ?, par Olivier Fuchs, préface de Christian Huglo, 2011, 64 pages.

Pour une gestion durable des forêts. Des intentions aux actes, par Pascal Tozzi, préface de Franz Schmithüsen, 2011, 76 pages.

Développons les nanomatériaux ! Fabrication, opportunités et gestion du risque, par Sophie Carenco, préface d'Éric Gaffet, 2012, 68 pages.

Face aux risques d'inondation. Entre prévention et négociation, par Mathilde Gralepois, préface de Valérie November, 2012, 64 pages.

SCIENCES
DURABLES

CHANGEMENT CLIMATIQUE : TOUS VULNÉRABLES ?

Repenser les inégalités

ALEXANDRE MAGNAN

Préface d'Hervé Le Treut

EDITIONS RUE D'ULM

Ce livre a été publié avec le soutien
de l'Institut francilien Recherche Innovation Société (IFRIS).

45, rue d'Ulm – 75230 Paris cedex 05
www.presses.ens.fr
ISBN 978-2-7288-0486-3

Loin des lieux communs, le développement durable mérite des essais originaux. Nous avons privilégié l'approche de jeunes chercheurs, pour apporter à un public élargi des réflexions novatrices. « Sciences durables » donne la parole à des spécialistes d'horizons différents : sciences humaines, économiques et sociales, sciences de la vie, science de la matière et de la modélisation – pour traiter de sujets tout aussi variés : agriculture, catastrophes naturelles, climat, forêts, action publique environnementale, nanotechnologies…

Chaque texte est préfacé par une personnalité reconnue dans le domaine concerné. Le comité scientifique de la collection, chargé d'évaluer la qualité des propositions, compte à ce jour :

- Bernard Hubert, écologue, ancien directeur scientifique à l'INRA, président d'Agropolis International ;
- Pierre-Benoît Joly, sociologue et économiste, directeur de recherche à l'INRA, directeur de l'IFRIS (Institut francilien Recherche Innovation Société) ;
- Claude Kergomard, géographe, directeur du Département de géographie de l'ENS-Ulm et co-directeur du CERES (Centre d'enseignement et de recherche sur l'environnement et la société) ;
- Jean-François Le Galliard, biologiste et écologue, directeur de recherche au CNRS et directeur du CEREEP (Centre de recherche en écologie expérimentale et prédictive) à l'ENS-Ulm ;
- Hervé Le Treut, climatologue, directeur de recherche au CNRS et professeur à l'École polytechnique, membre du GIEC (Groupe d'experts intergouvernemental sur l'évolution du climat) et de l'Académie des sciences ;
- Florence Weber, sociologue, directrice du Département de sciences sociales de l'ENS-Ulm.

Nous souhaitons aux spécialistes du domaine, présents ou futurs, mais surtout aux curieux en tous genres, une excellente lecture !

Les directeurs de la collection,
Clément Fabbri (Ingénieur ESPCI ParisTech), Florent Meyniel (ENS-Ulm),
Thomas Tari (Université Paris-Est & IFRIS)

L'auteur

Docteur en géographie et chercheur à l'Institut du développement durable et des relations internationales (IDDRI, Sciences Po), **Alexandre Magnan** est spécialiste des questions de vulnérabilité et d'adaptation aux changements environnementaux, notamment dans le contexte du changement climatique. Il développe des recherches sur les littoraux des îles de l'océan Indien et du Pacifique, du Bangladesh et du Japon, et s'intéresse particulièrement aux thèmes de la capacité d'adaptation (facteurs d'influence, échelles spatiales et temporelles pertinentes, liens vulnérabilité/capacité d'adaptation/niveau de développement, synergies adaptation/soutenabilité) et de la maladaptation (typologie, évaluation, cas d'étude). Il coordonne les projets de recherche CapAdapt (http://www.iddri.org) et VulneraRe (http://trajectoire-vulnerabilite.org). Il est l'auteur de *Ces îles qui pourraient disparaître* (avec V. Duvat, Le Pommier, 2012) et d'*Anticiper pour s'adapter, le nouvel enjeu du changement climatique* (avec L. Tubiana et F. Gemenne, Pearson, 2010).

Sommaire

Préface

Changement climatique : de nouveaux défis

Si l'on veut s'en tenir à ses éléments principaux, le diagnostic scientifique concernant l'action de l'homme sur le climat semble avoir assez peu évolué depuis le rapport que le célèbre scientifique Jules Charney a soumis en 1979 à l'Académie des sciences américaine. Dès cette époque, il était tenu pour acquis qu'une augmentation significative de la teneur atmosphérique en gaz à effet de serre provoquerait un réchauffement global de la planète extrêmement important, de plusieurs degrés. La référence choisie était un doublement de la concentration atmosphérique en $C0_2$, et les modèles d'alors indiquaient un réchauffement allant de 1,5 °C à 4,5 °C. Cette gamme de chiffres, largement confirmée depuis, avait de quoi inquiéter. Le dernier moment où la température globale de la planète a changé de plusieurs degrés est celui de la dernière grande déglaciation, il y a plus de 10 000 ans. Mesurées dans les mêmes termes de variation de température globale à la surface de la planète, les fluctuations climatiques plus récentes, telles que le « Petit Âge de glace » des derniers siècles précédant la révolution industrielle, n'ont sans doute pas dépassé quelques dixièmes de degrés. Ces fluctuations ont pourtant été porteuses de famines répétées et dramatiques. Que dire alors de l'évolution vers un climat plus chaud de plusieurs degrés, qui nous attend si nous continuons à émettre des gaz à effet de serre, sinon qu'il devrait correspondre à une aventure d'une envergure bien plus grande encore ? Les premiers modèles en discernaient les grands traits géographiques, qui ont été confortés depuis par des modèles plus complexes, et par l'évolution du climat lui-même : un réchauffement plus fort aux hautes latitudes, plus fort sur les continents, des précipitations plus élevées dans les régions déjà pluvieuses, plus faibles dans les régions déjà semi-arides. Ces indications ont permis depuis plusieurs décennies d'esquisser une carte des zones vulnérables qui a gardé beaucoup de sa pertinence, même si le diagnostic scientifique s'est affiné et complété. Mais le livre d'Alexandre Magnan montre qu'il faut aussi réévaluer la situation en fonction d'enjeux nouveaux.

En effet, même s'il repose sur un ensemble de faits scientifiques identiques, le problème du changement climatique se pose aujourd'hui dans des termes très différents d'il y a quarante ans. Le contexte n'est plus le même : le climat commence à changer et il est difficile d'envisager les risques des évolutions à venir sans mettre en regard la complexité des enjeux dans une grande variété de domaines. Alexandre Magnan le montre clairement : on ne peut apprécier les impacts du changement climatique sans considérer aussi les problèmes de nature très diverse qui se poseront simultanément. Leur liste est longue : accès à l'énergie, accès aux autres ressources naturelles que sont l'air, l'eau, les ressources minérales, ou encore maintien de la biodiversité, prise en compte d'une géostratégie beaucoup plus complexe que les seuls rapports Sud-Nord, lien avec la croissance démographique, avec la pauvreté... Cette complexité croissante des enjeux a un prix. Les conférences de Copenhague, Durban, Cancun, Rio, même s'il y a plusieurs manières d'en lire les résultats, marquent sans doute la fin d'une époque, celle où des avancées significatives dans la réduction des émissions de gaz à effet de serre paraissaient, sinon simples à atteindre, du moins à la portée de négociations internationales dans un délai relativement court.

La crise financière mondiale est souvent mise en avant comme le facteur principal qui conduirait à retarder ces échéances, à repousser les enjeux environnementaux au second plan des priorités gouvernementales un peu partout dans le monde. Mais cette crise est très loin d'être le seul élément de contexte qui a pu modifier la prise en compte des enjeux climatiques. Pour n'en citer qu'un, l'émergence très rapide de puissances économiques nouvelles telles que le Brésil, l'Inde ou la Chine, peu sensibles aux injonctions occidentales, dépendant de besoins énergétiques rapidement croissants, a provoqué une accélération des émissions de gaz à effet de serre, qui constitue un autre facteur nouveau, de grande ampleur, et appelé à durer.

Face à cette situation la nature n'attend pas. Alors qu'il faudrait maintenir les émissions de CO_2 en dessous de 3 ou 4 milliards de tonnes de carbone par an, nous étions rendus à un peu moins de 7 milliards en fin de XXe siècle, et à 9 milliards environ aujourd'hui, en ne comptabilisant que la combustion du charbon, du pétrole et du gaz naturel. Il faut ajouter à ces chiffres la contribution de la déforestation, soit 10 à 20 % en plus. Comme le CO_2 reste longtemps dans l'atmosphère, un siècle environ, et qu'il s'y accumule, il se crée une situation en partie irréversible, au moins pour les décennies qui sont devant nous. Le changement climatique n'est plus une perspective lointaine. Il existe au contraire des signes grandissants qui montrent que l'effet des gaz à effet de serre est bien là, et qu'il va désormais se développer de manière rapidement croissante. Le réchauffement global de la planète, plus fort en Arctique (fonte du Groenland ou de la banquise), est sans ambiguïté ; par sa structure géographique, il est en accord avec les prévisions des modèles et il est désormais très probable que l'on atteindra vers le milieu du siècle le niveau de réchauffement de 2 °C que le sommet de Copenhague avait fixé comme le seuil à ne pas dépasser.

La question qui se pose désormais n'est plus d'empêcher toute évolution, mais de gérer au mieux tout au long du siècle à venir des exigences qui seront partiellement contradictoires : protection de la ressource naturelle que constitue le climat de notre planète, respect de l'ensemble des problèmes environnementaux, politiques ou sociaux mentionnés plus haut. Pour le climatologue, la coexistence de ces éléments signifie qu'il n'est pas seul à débattre du futur de la planète : l'évolution du monde se fera en arbitrant activement ou passivement entre des contraintes diverses qui toutes nous engagent de manière importante et sur le long terme.

S'adapter à une situation qui devient en partie inévitable, arbitrer : voilà des objectifs nouveaux, difficiles. Ils ne retranchent rien à la nécessité de réduire rapidement nos émissions de gaz à effet de serre : c'est au contraire l'un des premiers facteurs qui ouvre des possibilités d'adaptation aux évolutions à venir. Mais le chemin sera étroit au cours des prochaines décennies qui seront porteuses de tension : compétition pour les ressources énergétiques ou pour une alimentation que se partagera une humanité de 9 milliards d'habitants, clivages entre nations, entre classes sociales...

Face à ces enjeux complexes, la science du climat se trouve confrontée à la nécessité de passer d'un message d'alerte à un diagnostic d'aide à la décision, plus précis, qui permette d'anticiper, de manière régionale, de manière quantifiée, les impacts du changement climatique. Or cette nouvelle étape se heurte à des limites encore imprécises, mais bien réelles : il n'est pas certain que l'évolution du climat aux échelles régionales soit prévisible en toutes circonstances et plusieurs futurs sont probablement possibles dans bien des cas. Il faut donc se préparer non pas à un avenir déjà écrit, mais à des risques que l'on ne pourra cerner que de manière partielle. Certains de ces risques sont clairs : anticiper une fragilisation des zones littorales, ou des sécheresses autour du bassin méditerranéen, relève maintenant de précautions de bon sens. Mais ces risques ne sont pas exclusifs : les mêmes régions méditerranéennes peuvent aussi être exposées à des situations de crues et d'inondations rapides. Et cette indécision sur le chemin à emprunter dans le futur se décline de manière plus indécise encore pour un grand nombre de territoires.

Il faut insister sur le fait que cette incertitude n'est pas une ignorance : nos informations sont partielles mais réelles. Nous savons que le climat changera, que la tendance générale sera marquée par un réchauffement, que les changements de précipitations se manifesteront souvent sous forme de surprise. Tout cela nous oblige à mieux appréhender, à repenser ce futur nécessairement différent, et ce d'autant plus que ses contours sont mal définis. Le livre d'Alexandre Magnan met en avant les concepts-clef de ce diagnostic difficile et particulièrement la vulnérabilité de nos sociétés à des facteurs multiples tels que leur organisation, leur histoire, leurs valeurs. La notion de vulnérabilité, celles toutes proches de résilience ou de capacité d'adaptation face à des risques mal connus, constituent désormais des éléments centraux d'un débat ouvert et nécessaire qu'Alexandre Magnan parcourt ici de manière personnelle et originale.

Ce besoin d'information et de débat constitue aussi un besoin de démocratie. Le dossier du changement climatique met en jeu des expertises scientifiques multiples, mais les décisions finales reposeront nécessairement sur le partage de valeurs : valeurs humanistes face aux enjeux démographiques, justice entre pays, justice sociale. Il ne peut s'agir de décisions d'experts, mais d'associer des citoyens dont tous les sondages montrent que partout sur la planète ils se sentent concernés, les décideurs publics, ou encore les entreprises, à la définition d'actions partagées, en confrontant les risques climatiques à d'autres risques environnementaux, sociaux, économiques ou politiques.

Cela réclame des lieux d'éducation et de débat. L'École normale supérieure est certainement l'une des quelques institutions en France à même d'aborder de tels enjeux interdisciplinaires, et la collection à laquelle appartient ce livre est une contribution importante à cet objectif. Je dois beaucoup à la rue d'Um, où j'ai étudié et commencé à m'intéresser à ces problèmes en tant que chercheur, et cela ajoute au grand plaisir que j'ai à préfacer ce livre.

Hervé Le Treut
Professeur à l'université Pierre-et-Marie-Curie
et à l'École polytechnique,
directeur de l'Institut Pierre-Simon Laplace,
membre du GIEC et de l'Académie des sciences

Introduction

Le changement climatique est porteur de trois grandes inégalités. *Géographique*, d'abord, parce que ce sont les régions tropicales, intertropicales et polaires qui en subiront le plus rapidement les impacts, alors même que ce sont des pays de la zone tempérée qui en sont les responsables historiques. *Socio-économique*, ensuite, parce que d'ores et déjà, toutes les populations de la planète ne présentent pas la même fragilité quand elles sont confrontées aux aléas naturels. *Générationnelle*, enfin, parce que ce sont les sociétés du futur qui en subiront les plus grandes conséquences alors que ce sont les nôtres et celles des cent cinquante dernières années qui sont à l'origine du problème. Ces inégalités sont nettement présentes dans l'ensemble des débats scientifiques portant sur les impacts directs et indirects à attendre du changement climatique, à l'échelle planétaire, sur le temps long et sous leurs multiples formes (physiques, sanitaires, économiques, culturelles, géopolitiques, etc.). Cependant, au-delà de ce cadre apparemment clair et structuré, de nombreuses idées reçues demeurent à propos de la vulnérabilité et des capacités d'adaptation des populations actuelles et futures.

On entend ainsi souvent dire que les communautés les plus pauvres sont les plus vulnérables au changement climatique car elles disposent des capacités d'adaptation les plus faibles. S'adapter n'est pourtant pas uniquement une affaire de moyens économiques et technologiques. Certains problèmes futurs ne se régleront pas simplement avec de l'argent, mais aussi et surtout avec de nouveaux rapports à l'environnement, une modification des pratiques (agricoles, touristiques, de consommation...), un renouvellement des ambitions politiques et une amélioration des rapports entre les individus d'une même communauté et entre des communautés différentes. Dès lors, les pays industrialisés ne peuvent pas être considérés comme peu ou non vulnérables au changement climatique, de même que les pays en développement ne sont pas fatalement dépourvus d'aptitudes à s'adapter. La « tragédie » du changement climatique n'est pas seulement « celle des autres ».

Une autre idée reçue consiste à penser que l'adaptation au changement climatique est avant tout une question d'anticipation sur le long terme. Or, compte tenu du fait qu'il ne sera jamais possible de prévoir toutes les perturbations climatiques longtemps à l'avance, il est essentiel que les territoires, quelle que soit l'échelle spatiale où l'on se situe, ne soient pas seulement capables d'anticiper, mais aussi d'être ou de continuer d'être résilients. Dès lors, des actions de court terme ne paraissent plus si déconnectées d'enjeux de plus longue haleine.

Nous nous proposons de revenir ici sur les fondements de ce que sont l'adaptation et la vulnérabilité au changement climatique et aux risques naturels en général. Si cette étude a vocation à défendre des positions théoriques et conceptuelles originales, celles-ci reposent sur une expérience de terrain qui s'est forgée au cours des dernières années, à l'occasion des travaux de recherche que nous avons menés sur plusieurs littoraux du monde (océan Indien, Pacifique, Méditerranée).

Nous commencerons par dresser un panorama mondial des menaces que le changement climatique fait peser sur les sociétés humaines. Il s'agira en particulier, d'une part, de comprendre les « chaînes d'impacts » qui expliquent pourquoi des tendances climatiques planétaires modifieront à termes des dynamiques territoriales locales et, d'autre part, d'expliquer brièvement pourquoi les projections climatiques comportent et comporteront toujours une part d'incertitude, qui à la fois freine et justifie toute démarche d'adaptation. Un deuxième chapitre précisera les concepts de « vulnérabilité » et de « capacité d'adaptation », et présentera leurs grands facteurs d'influence. Il introduira l'hypothèse selon laquelle toutes les sociétés de la planète sont potentiellement vulnérables au changement climatique, cette vulnérabilité revêtant des formes et des pas de temps différents, essentiellement parce que la capacité d'adaptation des uns n'est pas nécessairement la même que celle des autres. Enfin, le troisième chapitre proposera une lecture plus conceptuelle de l'adaptation en tant que processus. Nous y montrerons que les stratégies d'adaptation ne peuvent être pensées qu'au croisement de diverses échelles temporelles et que, finalement, l'adaptabilité future dépend en partie de l'aptitude des sociétés d'aujourd'hui à mobiliser leurs capacités d'adaptation autour d'un projet de société, de territoire. Avant de conclure sur cette question : compte tenu de la complexité des mécanismes déterminant la vulnérabilité au changement climatique et des incertitudes portant sur ses impacts à l'échelle locale, peut-on réellement aujourd'hui qualifier tel territoire de plus vulnérable que tel autre ?

1

La chaîne des impacts du changement climatique

Qu'est-ce que le changement climatique ?

Les grandes composantes du système Terre – l'atmosphère, l'océan, la cryosphère (les glaces), la lithosphère (l'enveloppe dure de la planète, c'est-à-dire les plaques tectoniques) et la biosphère (les végétaux et les animaux) – captent, transforment et restituent en permanence, à des rythmes et sous des formes variés, l'énergie solaire qu'elles échangent ensuite entre elles, principalement *via* l'atmosphère. La relation océan-atmosphère est ainsi centrale pour expliquer le climat à l'échelle du globe, et plus on se rapproche des échelles locales, plus les interrelations entre ces cinq composantes deviennent complexes (rôle des chaînes de montagnes, de la proximité à la mer...). Ces combinaisons à des échelles régionales et locales alimentent la variation des températures, des précipitations, des vents, de la nébulosité, de l'ensoleillement, et expliquent « le temps qu'il fait ». Le « climat » représente, quant à lui, le fonctionnement général de la machine océan/atmosphère :

> Une succession de quelques étés chauds n'est pas le signe d'un changement climatique certain, mais, lorsqu'ils se répètent pendant dix ans ou plus, alors ils le deviennent. C'est pourquoi les climatologues ont défini la notion de climat comme une moyenne de certains paramètres atmosphériques [...] sur une longue durée et concernant de vastes étendues. La durée de référence est de trente ans[1].

---

1. E. Nesme-Ribes et G. Thuillier, *Histoire solaire et climatique*, p. 128.

Parler de la modification du climat, ce n'est donc pas parler du « temps qu'il fait ». Le changement climatique renvoie à des processus relativement lents affectant l'ensemble de la planète. C'est pour cela que des calottes glacières fondent à l'autre bout du monde, loin des usines, des villes et des champs qui polluent.

Il faut par ailleurs avoir conscience que la Terre a connu de nombreux épisodes de changements climatiques. Ils ont essentiellement dépendu de variations de l'activité solaire et de modifications dans la composition de l'atmosphère et de l'océan. Ils ont conduit à des périodes plus chaudes ou plus froides[1] qui ont entraîné de profonds bouleversements du visage de la planète, liés notamment à des modifications très importantes du niveau des océans[2]. Mais la particularité du changement climatique actuel est double : il est extrêmement rapide par rapport à ceux qui l'ont précédé (quelques décennies contre plusieurs millénaires) et il est essentiellement engendré par les activités humaines qui accentuent « l'effet de serre ».

L'effet de serre est un phénomène naturel. Certains gaz spontanément présents dans l'atmosphère laissent passer une partie du rayonnement solaire (mais pas les ultraviolets, par exemple). À la surface du globe, diverses composantes (océans, sols, végétation...) transforment cette énergie et, au final, la Terre émet à son tour un rayonnement que les gaz atmosphériques ne laissent pas s'échapper dans l'univers. Cela a pour conséquence de réchauffer l'atmosphère. Quelques milliards d'années ont été nécessaires pour que s'instaure un équilibre favorable au développement de la vie. Cet équilibre a été mis à mal par l'activité industrielle des deux derniers siècles, qui a progressivement injecté dans l'atmosphère un surplus de gaz à effet de serre. Au premier rang des conséquences, on trouve un réchauffement substantiel de la température à la surface de la planète, puis, plus subtilement, des modifications dans les échanges océan/

1. Les périodes « glaciaires ».
2. Il y a entre 15 000 et 10 000 ans, le niveau des mers était inférieur de 120 mètres au niveau actuel !

atmosphère (d'énergie, d'eau, de gaz...). Cet opuscule se focalise donc sur le changement climatique contemporain, dont on redoute clairement qu'il ait des conséquences très lourdes sur les activités humaines futures.

DES IMPACTS MULTIPLES ET DIFFÉRENCIÉS

Tous les continents ne seront pas touchés de façon identique par les mêmes impacts. Suivre la « chaîne d'impacts » permet de dresser un panorama général, bien que non exhaustif. Les perturbations du système climatique vont se traduire par une évolution de certains grands paramètres (température, précipitation, niveau de la mer) qui aura des répercussions sur la fréquence, l'intensité et la répartition géographique des aléas[1]. Ceux-ci auront eux-mêmes des conséquences plus ou moins marquées sur les ressources naturelles (eau, sols, espace terrestre...) puis, par effet domino, sur les sociétés humaines (santé, agriculture, production d'énergie...). Se dessine progressivement une « chaîne d'impacts » qui permet de mieux comprendre en quoi le changement climatique menace l'homme – et bien au-delà !

Les conséquences physiques directes

À l'origine du problème, on trouve trois grandes variables que la modification des conditions atmosphériques et des échanges océan/atmosphère va venir perturber – températures, régimes de précipitations et niveau de la mer. Les évolutions des moyennes de ces paramètres sont les conséquences les plus directes du changement climatique et elles vont également engendrer des perturbations plus ponctuelles – les « événements extrêmes ».

Si l'évolution de ces trois grandes variables doit être graduelle sur un temps relativement long (plusieurs décennies au minimum), les

1. Dans le langage courant, on parle davantage de risques naturels. La science établit cependant une distinction importante entre aléa et risque (l'aléa étant l'une des composantes du risque), dont nous ne tiendrons pas compte ici.

événements extrêmes se feront sentir sur des périodes plus courtes (de quelques heures à quelques mois, voire quelques années). Tenir compte du changement climatique, c'est donc considérer des modifications aussi bien graduelles que ponctuelles. Grandes tendances et événements extrêmes ne renvoient pas non plus aux mêmes échelles spatiales. Les premières concernent l'échelle planétaire, avec toutefois des variations régionales qui expliquent que toutes les parties du globe ne subiront pas la même élévation des températures ou le même niveau de montée des eaux (l'Arctique plus que l'Antarctique, par exemple). Les événements extrêmes tendent à s'exprimer à des échelles plus fines, allant cependant de vastes portions de planète (par exemple l'océan Pacifique pour El Niño) à des échelles très localisées.

L'élévation des températures de l'air devrait atteindre d'ici la fin du siècle de + 1,1 °C à + 6,4 °C, tous scénarios SRES[1] confondus. Au-delà d'une simple augmentation, on redoute à la fois des phénomènes d'accélération (les tendances ne sont pas strictement linéaires) et le dépassement de certains seuils qui vont créer des effets de rupture, c'est-à-dire des situations

1. Le GIEC (groupe d'experts intergouvernemental sur l'évolution du climat, http://www.ipcc.ch) utilise six grands scénarios d'émissions de gaz à effet de serre (connus sous le nom de SRES ou *Special report on emissions scenarios*, voir N. Nakicenovic et R. Swart (éd.), *Special report on emissions scenarios*), des plus optimistes pour lesquels les trajectoires d'émissions d'ici le prochain demi-siècle seront plutôt stabilisées ou décroissantes (scénarios B1 et A1T), aux plus pessimistes dans le cas du maintien ou de l'accentuation des trajectoires actuelles (scénarios A2 et A1FI). Ils reflètent différentes trajectoires de croissance économique et démographique, de mondialisation, de progrès technologiques et de diffusion de ces progrès et il est très important de noter qu'aucun d'entre eux n'est considéré comme plus probable que les autres. Néanmoins, le scénario A1B est généralement vu comme un scénario médian, et de ce fait utilisé par de nombreux travaux de simulation. Or, au rythme actuel des émissions de gaz à effet de serre, il apparaît que l'humanité s'éloigne de plus en plus de ce scénario. Dans le cadre du prochain rapport du GIEC, l'*Assessment Report 5* (prévu pour 2013-2014), d'autres scénarios socio-économiques seront utilisés, les *Shared socioeconomic reference pathways* (SSP).

de non-retour et d'accélération des dégradations[1]. Ces points de rupture, bien que difficiles à déterminer, sont la fonte de la calotte glacière du Groenland, la disparition de la forêt amazonienne ou encore l'inversion du courant du Gulf Stream.

L'élévation des températures de l'air sera par ailleurs globalement plus marquée au-dessus des terres qu'en mer, ce qui impliquera des modifications dans la circulation locale des masses d'air (basse atmosphère). On peut éventuellement en attendre des changements dans le régime des vents, par exemple une intensification des brises de mer, de terre ou de versant, lesquelles jouent un rôle important dans l'adoucissement des températures hivernales ou estivales. Les régimes de tempêtes et de cyclones sont également mis en question, mais pour l'heure encore avec une extrême prudence. Plus directement, nombre de contrées du monde subiront des « vagues de chaleur » plus ou moins longues. De trop fortes températures pourront aussi jouer sur les cycles d'évapo-transpiration des végétaux, donc sur le couvert végétal et sur la stabilité des sols. Pour peu qu'une telle situation se combine à de fortes pluies, ce sont des glissements de terrain qui sont à craindre. Les événements extrêmes auront ainsi d'autant plus d'impact qu'ils pourront se combiner.

L'évolution des précipitations perturbera le régime des fleuves et des rivières, principalement à travers une modification des volumes d'eau reçus qui, à son tour, influera sur les débits et sur les zones de rétention (lacs, par exemple). Un autre effet consistera, lorsque les précipitations tomberont de manière irrégulière et abrupte (pluies torrentielles), en une accentuation des problèmes d'inondation et d'érosion des sols. Parallèlement, là où les précipitations se feront plus rares, les sécheresses se multiplieront, ce qui pose la question de l'avenir des régions qui sont déjà soumises à un stress hydrique et à des pénuries d'eau récurrentes. Plus globalement, le changement climatique va affecter

1. Voir R. B. Alley *et alii*, « Abrupt climate change », p. 2005-2010 et G. A. Meehl *et alii*, *Global Climate Change Projections. Climate Change 2007: the Physical Science Basis.*

l'ensemble du cycle de l'eau[1] car en agissant sur les températures de l'air (éléments déclencheurs du cycle), il va accélérer les mécanismes structurants de ce cycle et ainsi renforcer les tendances existantes à l'abondance de pluies (Asie du Sud-est, Europe de l'Ouest...) ou à leur rareté (Afrique du Nord, Moyen-Orient, Méditerranée...), renforçant de fait des problèmes déjà connus.

L'élévation du niveau de la mer, enfin, s'explique d'une part par une dilatation de la masse d'eau océanique sous l'effet de l'accroissement de sa température – lié au réchauffement de la basse atmosphère – et, d'autre part, par l'augmentation du volume d'eau des océans due à la fonte progressive des glaciers et des calottes glaciaires. Les conclusions du GIEC s'accordaient en 2007 sur une fourchette d'élévation comprise, à l'échelle du globe et pour l'ensemble des scénarios SRES, entre 18 et 59 centimètres à l'horizon 2100. Des études relativement récentes estiment toutefois plus crédible la fourchette de 1 à 2 mètres. Cela est d'autant plus inquiétant que cette élévation s'accompagnera d'un gonflement des eaux et des vagues lors de tempêtes probablement plus fréquentes et/ou plus intenses, et que les marges d'incertitude sur ces projections (encadré 1) restent fortes, notamment en ce qui concerne les rythmes de la fonte des glaces. L'incertitude n'empêche toutefois pas de cerner les conséquences dans leurs grandes lignes : les phénomènes d'érosion côtière et de submersion des côtes basses (plages, côtes rocheuses, zones humides...) renforceront des préoccupations déjà considérables, de même que l'intrusion d'eau marine dans les aquifères posera des problèmes de salinisation des sources d'eau douce que sont les nappes phréatiques. De tels changements seront particulièrement accentués dans le cas des côtes qui connaissent aujourd'hui un mouvement de subsidence, c'est-à-dire d'enfoncement progressif dû, par

1. Schématiquement, l'eau accumulée dans divers types de réservoirs (océans, lacs, glaciers...) s'évapore sous l'effet du soleil, est transformée en gaz et s'accumule sous la forme de nuages dans l'atmosphère, lesquels engendrent à un moment donné des pluies qui rechargent les réservoirs.

exemple, à l'absence d'accumulation de sédiments charriés par les grands cours d'eau ou, plus localement, à une urbanisation trop dense (effets de poids et du pompage des nappes).

Ce (trop) rapide aperçu rappelle qu'au-delà des grandes tendances, les facteurs locaux (topographie, pédologie, densité végétale, modes d'occupation humaine...) joueront un rôle considérable dans l'ampleur des impacts et de leurs conséquences. Il faut donc aborder la question des impacts du changement climatique avec une grande prudence, ce qui n'empêche pas d'en entrevoir les effets sur les ressources naturelles.

Les effets sur les ressources naturelles

Loin de toute exhaustivité et sans considérer ici les pertes en vies humaines, on peut schématiquement évoquer les menaces qui pèsent sur trois grands types de ressources importantes pour les activités humaines : les écosystèmes, l'eau douce et l'espace.

Les épisodes de sécheresse, de pluies intenses, de vagues de chaleur et autres auront un impact évident sur la biodiversité, des espèces à leurs habitats[1]. Un impact d'autant plus fort que les pressions actuelles (pollution, urbanisation, agriculture, industrie, braconnage...) sont déjà considérables et qu'elles amputent les écosystèmes d'une grande part de leurs capacités de réponse. Dès lors, comment les espèces réagiront-elles aux bouleversements climatiques ? Bien que de nombreuses incertitudes demeurent dans ce domaine, la grande majorité des experts redoute une diminution massive de biodiversité sur le siècle à venir et à l'échelle du monde.

---

1. Le maintien d'une certaine richesse en biodiversité touche les sociétés humaines à deux titres au moins : les services écosystémiques (fourniture en eau douce et en protéines, conservation des sols productifs, résistance face aux invasions nuisibles, pollinisation des plantes, reproduction des ressources halieutiques, modération de l'érosion côtière, régulation du climat...) et le respect de ce que nous lèguerons aux générations futures (la biodiversité en tant que telle).

ENCADRÉ 1

Certitudes et incertitudes de la science du climat

Les bouleversements climatiques sur les siècles en cours et à venir vont dépendre, d'une part, des émissions de gaz à effet de serre passées, actuelles et futures et, d'autre part, de la réponse du système climatique à ces émissions. Sur ces bases, les scientifiques mettent au point des scénarios d'émissions à venir et des modèles climatiques qui, combinés, vont permettre d'élaborer des simulations climatiques.

Pour avoir une idée du climat à l'horizon du siècle prochain, il faut donc savoir quelles seront les émissions de gaz à effet de serre d'ici là. Or, celles-ci vont dépendre de la manière dont nos sociétés choisiront de se développer dans les prochaines décennies. Ces trajectoires sont difficiles à prévoir avec exactitude et c'est pourquoi le GIEC a jusqu'à maintenant eu recours à des *scénarios d'émissions* (appelés scénarios SRES[1]) qualifiant différentes tendances possibles d'émissions. Ce sont de simples images potentielles du futur. Les scientifiques du climat (physiciens, océanographes...) s'appuient ensuite sur ces scénarios pour imaginer les possibles évolutions associées de l'effet de serre, puis du climat mondial. Ils utilisent pour cela des *modèles climatiques*, qui sont une représentation simplifiée du monde réel (car les processus physiques à l'œuvre sont très nombreux et très complexes). Leurs résultats, les « simulations climatiques », fournissent des images de l'évolution probable du climat au cours du siècle à venir, chacune de ces projections dépendant fortement du (des) scénario(s) d'émissions considéré(s). Paradoxalement, c'est également ce qui justifie de prendre des mesures d'adaptation au changement climatique. Au final, les scientifiques établissent des *scénarios de changement climatique* qui servent

1. Voir *supra*, note 1, p. 22.

de base à l'analyse des impacts envisageables sur l'environnement et les sociétés.

Si de multiples *incertitudes* se combinent au fil de cette chaîne de construction de la connaissance, elles ne sont que le reflet (normal) de notre compréhension inaboutie des mécanismes physiques comme des évolutions sociétales. Les modèles ne peuvent donc être crédités d'aucun pouvoir de prédiction. Néanmoins, on peut croire en ce qu'ils disent[1], et ce pour trois raisons : ils sont fondés sur des lois physiques établies et sur une profusion d'observations, ils simulent très bien des aspects importants des climats actuels et passés, et ils ne se contredisent pas même lorsqu'ils présentent des niveaux de perfectionnement différents. Ainsi ils montrent systématiquement que l'augmentation des émissions de gaz à effet de serre s'est accompagnée d'un réchauffement planétaire significatif, et que cette tendance va se poursuivre au cours du siècle à venir. Finalement, la seule chose que nous ne sachions pas pour l'heure, c'est où, quand et avec quelle intensité les impacts surviendront.

1. D. A. Randall *et alii*, *Climate Models and Their Evaluation.*

Les ressources en eau sont elles aussi très menacées, à la fois par la chute des volumes de pluies dans les régions qui en manquent déjà, par la salinisation des aquifères ou encore par la fonte des glaciers qui représentent des réserves d'eau douce considérables. L'Asie du Sud-Est est particulièrement menacée par la fonte d'une partie conséquente de l'Himalaya, de même que la rive sud de la Méditerranée, par exemple, qui sera très probablement confrontée à la fois à une baisse des précipitations et à une augmentation des vagues de chaleur (évaporation). Ici encore, le changement climatique (re)pose une question tristement classique : celle de l'accès à l'eau douce des populations qui en manquent déjà. Si des projets pharaoniques de pipelines sous-marins existent pour permettre une meilleure redistribution de l'eau, ils sont si dépendants de considérations économiques et géopolitiques qu'il y a de fortes chances pour qu'ils ne voient jamais le jour. Manquer d'eau aujourd'hui et plus encore demain : la tragédie des autres ?

Enfin, la perte d'espace terrestre va concerner les littoraux comme les zones proches de grands cours d'eau, par exemple en aval de glaciers qui vont fondre. Seront aussi affectées les zones d'habitat ou de cultures déjà soumises à la désertification. On sait par exemple que le quart nord-ouest de la Chine est actuellement en proie à l'aridification, essentiellement du fait d'une politique d'exploitation des eaux des grands fleuves trop drastique. Des villages sont déjà devenus de véritables déserts de sable[1]. Qu'adviendra-t-il si la sécheresse s'intensifie encore avec le changement climatique ? En France, la tempête Xynthia a soulevé en 2010 la polémique de la gestion de l'urbanisation en zones inondables, et ainsi mis mal à l'aise l'ensemble de la classe politique locale et nationale. Si bien que la question a été soulevée de l'interdiction de reconstruire certains quartiers dévastés des communes de la Faute-sur-mer et de l'Aiguillon-sur-mer, et ce au titre du « retrait stratégique ». Et si les tempêtes devenaient plus fréquentes avec le changement climatique ? S'il serait imprudent aujourd'hui d'attribuer Xynthia au changement climatique, le fait est que cet événement a concrètement illustré ce à quoi on pourrait s'attendre à l'avenir. Ailleurs, au nord de l'Alaska, dans l'Arctique canadien ou au nord de la Sibérie, le pergélisol – sous-sol gelé en permanence – est menacé de fondre avec l'élévation des températures de l'air. Déjà des falaises s'écroulent et imposent à des villages de se déplacer. Enfin, dans des cas extrêmes comme ceux des archipels coralliens[2], on va jusqu'à parler – à tort ou à raison,

1. Voir « Quand la Chine mourra de soif », *Courrier international*, oct. 2009, numéro spécial n° 987, p. 38-45.

2. Les Maldives et Tuvalu en sont devenus des emblèmes. Voir V. Duvat et A. Magnan, *Ces îles qui pourraient disparaître*.

cela reste à prouver – d'une « urgence » à quitter en masse ces « figures d'Atlantide ».

Au total, les évolutions climatiques vont, sur la base des conditions d'occupation et d'exploitation actuelles, remodeler la carte des potentialités spatiales de diverses régions du monde, dégageant parfois aussi de nouvelles opportunités (telles que de meilleures conditions pour l'agriculture en Sibérie).

Les conséquences envisageables pour les sociétés humaines

Le principe de la « chaîne d'impacts » nous conduit enfin à évoquer les conséquences, directes comme indirectes, des tendances précédentes sur les sociétés humaines.

Sur le continent africain, par exemple, les impacts du changement climatique entreront en interaction avec des problèmes actuels de dénuement économique, de gouvernance, de santé et de sécurité alimentaire[1]. Les conditions sanitaires, déjà difficiles, seront davantage mises en péril par un amenuisement de l'accès à l'eau potable, par la recrudescence ou la réapparition de maladies telles que le choléra, par l'extension des zones fréquentées par les vecteurs de virus (moustiques, tiques...), etc. De la même manière, les problèmes de sécurité alimentaire se renforceront compte tenu de la forte dépendance des populations vis-à-vis du secteur agricole, lui-même très lié aux conditions climatiques (températures, précipitations) et associées (présence de parasites, par exemple). Des inquiétudes similaires portent sur l'Asie orientale, l'un des greniers du monde. Plus généralement, l'agriculture (cultures, élevage, pêche) concentre beaucoup d'attention car plus d'un cinquième de l'humanité dépend aujourd'hui directement d'elle pour sa survie, quand une grande majorité, ailleurs, en est dépendante plus indirectement (importations, échanges commerciaux...).

1. Voir I. Niang, « Le changement climatique et ses impacts : les prévisions à l'échelle du monde ».

Sur terre, dans différentes régions du monde, divers risques induits en partie par le changement climatique menacent : modification des quantités et de la variabilité des précipitations, recrudescence des feux de forêts, émergence d'épidémies affectant les cultures, événements extrêmes qui vont fragiliser la chaîne alimentaire (rendements et transport), salinisation des sols, submersions plus ou moins durables, etc. En mer, l'augmentation de la température moyenne des océans combinée à la modification de leur composition chimique (« acidification[1] ») perturberont immanquablement l'ensemble de la chaîne alimentaire, jusqu'aux activités de pêche. De lourdes menaces pèsent notamment sur la région Océanie, plus particulièrement sur le sud et l'est de l'Australie, le nord de la Nouvelle-Zélande et l'ensemble des petites îles. Dans cette zone, en effet, la mer représente soit une source directe et essentielle de protéines animales, soit une ressource économique importante (*via* les zones économiques exclusives).

À l'inverse, il est généralement estimé qu'une augmentation de la température moyenne de l'air inférieure à 3 °C aura des effets positifs sur l'agriculture des pays tempérés. Sans tenir compte ici d'une possible recrudescence des tempêtes et des vagues de chaleur qui pourront ravager les cultures, on parle pour l'Europe du Nord et pour l'Amérique du Nord d'un éventuel regain du rendement des cultures, et donc d'une croissance de la production de céréales. En revanche, sur cette même base (< +3 °C), les pays tropicaux subiront quand même une décroissance des rendements et des surfaces arables, scénario qui est également à craindre autour du bassin méditerranéen. Dans un cas comme dans l'autre, il faudra aussi

1. Le phénomène d'acidification est lié à la surconcentration en gaz à effet de serre dans l'atmosphère, en particulier le dioxyde de carbone (le fameux CO_2). L'océan absorbe en effet naturellement une partie du CO_2 de l'atmosphère, et plus il en absorbe, plus il devient acide, ce qui a des impacts sur certaines espèces notamment. Concrètement, cela signifie que l'acidification de l'océan n'est pas une conséquence du changement climatique, mais un phénomène parallèle lié lui aussi aux rejets de gaz à effet de serre dans l'atmosphère par les activités humaines.

compter avec de grandes variations de situations aux échelles locales, tandis qu'une augmentation de la température au-delà de 3 °C sera nuisible partout[1].

Autre secteur, celui des infrastructures. La fonte du pergélisol amputera de plus en plus les territoires concernés de réseaux de communication cruciaux (chemins de fer et routes notamment). Le même problème se posera dans le cas d'une trop grande proximité à la mer ou en bordure de grands fleuves : soit que le niveau général des eaux varie, soit que des événements extrêmes frappent (tempêtes dans un cas, pluies torrentielles dans l'autre). Les ports sont également un sujet de préoccupation, de même que les aéroports dans certaines régions du monde.

Stress lié à des vagues de froid ou de chaleur, effets secondaires des inondations comme des sécheresses, migration des zones de maladies transmissibles et de leurs vecteurs : des bactéries et des virus pourront (ré)apparaître dans des endroits dans lesquels on ne les connaissait pas ou plus (malaria, maladie de Lyme, chikungunya...). Autant de facteurs qui, aux côtés des problèmes actuels de pauvreté, de malnutrition ou encore de pollution, vont jouer un rôle considérable sur l'état sanitaire de l'humanité future. Selon l'OMS, plus d'une dizaine de maladies sont directement dépendantes des conditions climatiques, aux rangs desquelles le paludisme, le choléra et la dengue qui, à elles seules, provoquent déjà chaque année presque 1 million de décès. Plus indirectement, on a attribué à la canicule de 2003 une surmortalité de près de 45 000 personnes dans l'ensemble de l'Europe. Si nombre de ces désastres sanitaires probables doivent toucher les pays pauvres, les pays industrialisés n'en sont pas à l'abri, loin s'en faut !

Enfin, la production d'énergie est elle-même questionnée. Les perturbations climatiques qui affecteront de façon graduelle ou ponctuelle les régimes hydriques, pour ne prendre ici qu'un exemple, se répercuteront

1. Hypothèse de plus en plus réaliste.

sur la production d'énergie hydroélectrique. Où les sécheresses séviront, les réservoirs s'appauvriront. Ainsi,

> [...] d'ici les années 2070, le potentiel d'énergie hydraulique devrait diminuer de 6 % dans toute l'Europe, avec une diminution de 20 à 50 % dans les régions méditerranéennes, une augmentation de 15 à 30 % dans le nord et l'est de l'Europe et des conditions stables dans l'ouest et le centre[1].

Les conséquences à attendre du changement climatique sont donc multiformes et encore relativement incertaines dès lors que l'on dépasse les projections à l'échelle des grandes régions du monde. Nous savons cependant qu'au-delà des incertitudes, des menaces pèsent sur les sociétés humaines, pauvres comme riches, que l'on ne peut décemment ignorer. Avec des conséquences qui toucheront non pas des individus isolés les uns des autres, mais des sociétés entières ou même, en extrapolant, la société globale. C'est par exemple la question posée par les migrations dites « climatiques ».

L'idée reçue selon laquelle ce seraient d'abord les communautés les plus pauvres qui seraient les plus vulnérables au changement climatique reste cependant très prégnante. Elle induit en erreur car, en réalité, tous les pays, toutes les communautés du monde sont (potentiellement) vulnérables au changement climatique, mais de manières différentes et sur des pas de temps eux-mêmes différents. C'est l'hypothèse que nous défendons dans le chapitre suivant et qui nous paraît essentielle dans la mesure où reconnaître la vulnérabilité d'un territoire, à quelque échelle spatiale que ce soit, c'est aussi discuter de ses capacités d'adaptation et, petit à petit, identifier quelles barrières et quels leviers s'imposent à ses velléités d'adaptation.

1. Voir B. Bates *et alii*, *Climate Change and Water*, p. 112, qui reprennent les conclusions d'autres scientifiques.

2

Vulnérabilité et capacité d'adaptation

Toutes les populations de la planète ne présentent pas le même degré de fragilité face aux aléas naturels. À niveau de perturbation égal et dans des environnements comparables, deux populations peuvent en effet être organisées différemment, avoir des niveaux de développement économique distincts, présenter des réseaux sociaux plus ou moins fébriles, faire état de positionnements culturels divers face à la nature. Or, tous ces éléments, et bien d'autres encore, se combinent pour expliquer le niveau de fragilité et de force d'une population particulière face aux événements naturels. On parle de « vulnérabilité », schématiquement définie comme l'état de relative fragilité d'un territoire et/ou d'une population, qui résulte de la rencontre entre des aléas naturels (plus ou moins récurrents, plus ou moins intenses) et des conditions anthropiques spécifiques (densités de population plus ou moins fortes, bâtiments résistants plus ou moins nombreux, populations en plus ou moins bonne santé, politiques de gestion des risques plus ou moins efficaces, etc.).

Toutefois, si ces groupes présentent des niveaux actuels de vulnérabilité différents, il ne faudrait pas en déduire que, face au changement climatique, certains sont fatalement voués à subir quand d'autres ne seront confrontés à aucun problème. C'est l'un des biais qu'il y a à penser que les communautés pauvres sont les « plus » vulnérables au changement climatique. Non pas qu'elles ne le sont pas, mais parce que cela laisse croire que les communautés des pays industrialisés ne le sont qu'extrêmement peu. Or, elles aussi ont à perdre, ce qu'ont par exemple démontré l'ouragan Katrina en 2005 (États-Unis) et, dans une moindre mesure, la tempête Xynthia en 2010 (France). Ainsi, plutôt que d'inégalités de niveau de vulnérabilité au sein d'une génération ou d'une société données, il est plus juste de parler de manières différentes d'être vulnérable, ce qui n'empêche aucunement d'inclure, et il le faut, le problème des inégalités socio-économiques. Derrière cette position, on trouve une double hypothèse : la vulnérabilité n'est pas uniquement le reflet du niveau de développement et l'aptitude à s'adapter n'est pas qu'une affaire d'argent.

Quelques passerelles entre vulnérabilité et adaptation

Parler de vulnérabilité renvoie aux éléments endogènes et exogènes du territoire qui expliquent ses forces et ses faiblesses face aux aléas naturels, actuels et futurs. Dans cet esprit, la définition de la vulnérabilité au changement climatique la plus communément admise est celle proposée par le GIEC :

> [c'est] le degré auquel un système risque de subir ou d'être affecté négativement par les effets néfastes des changements climatiques, y compris la variabilité climatique et les phénomènes extrêmes. La vulnérabilité dépend du caractère, de l'ampleur et du rythme des changements climatiques auxquels un système est exposé, ainsi que de sa sensibilité et de sa capacité d'adaptation[1].

Si le GIEC met en relation vulnérabilité et adaptation, c'est parce que l'essence même de l'analyse de la vulnérabilité d'un territoire est de comprendre comment ce dernier fonctionne (logiques, enjeux, processus de régulation, conflits...), pour ensuite envisager des scénarios d'avenir et proposer des réponses pragmatiques face à l'évolution des conditions environnementales. En retour, la mise en œuvre de l'adaptation a pour but de réduire la vulnérabilité du territoire aux risques naturels actuels et futurs.

1. M. L. Parry *et alii*, *Contribution of Working Group II to the Fourth Assessment Report of the Intergovernmental Panel on Climate Change*.

Dans les sociétés d'ici et d'ailleurs, chercher à s'adapter n'a donc de sens que dans le dessein de limiter à terme les conséquences du changement climatique. Cela va reposer sur une diversité de composantes qui, combinées, vont définir la « capacité d'adaptation » du territoire. Schématiquement, cette capacité d'adaptation renvoie à l'aptitude d'une société à faire face aux effets du changement climatique en étant capable, ou non, de répondre aux perturbations qui surviennent comme d'anticiper les futures. C'est pourquoi les scientifiques voient en la capacité d'adaptation une composante fondamentale de la vulnérabilité. Un autre élément, rarement mis en avant bien qu'essentiel, est l'aptitude de la société à *mobiliser* ses capacités d'adaptation : sans volonté d'agir, pas d'action même si les conditions « matérielles » sont réunies. S'adapter suppose un engagement, au-delà de nombreuses barrières (les intérêts politiques et économiques de court terme, par exemple).

Chaque territoire fait donc état d'une vulnérabilité « initiale » que les aléas naturels et à terme le changement climatique modifieront. Cette vulnérabilité « résultante » constituera un second stade et celle-ci plus que la précédente dépendra aussi des formes d'adaptation mises en œuvre par la société. Ainsi, la vulnérabilité est évolutive (figure 1) et elle constitue un bon traceur de l'efficacité des choix d'adaptation.

Les facteurs d'influence de la vulnérabilité

Si la vulnérabilité évolue avec le temps, la réduire suppose de savoir sur quels éléments agir. Les conditions de la vulnérabilité relèvent de trois grandes strates temporelles[1] : les caractéristiques actuelles de la société, celles qui les expliquent lorsque l'on remonte de quelques décennies dans son histoire (orientations politiques, événements sociaux, etc.), puis celles qui sont à l'origine des précédentes et qui retracent les valeurs fondamentales de cette société élaborées dans des temps plus anciens.

1. Voir P. Blaikie et *alii*, *At Risk : Natural Hazards, People's Vulnerability and Disaster.*

Selon le GIEC, la vulnérabilité au changement climatique est définie par la formule suivante :

$$V = f(E,S,CA)$$

où *V* représente la *vulnérabilité*
E représente l'*exposition aux aléas naturels*
S représente la *sensibilité de(s) l'écosystème(s)*
CA représente la *capacité d'adaptation de la société*
et *f* signifie "*est une fonction de*"

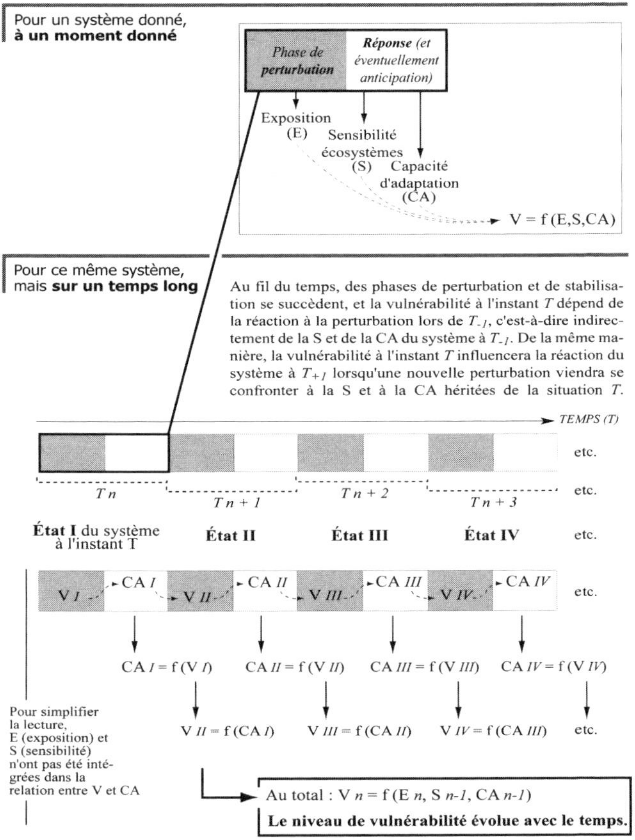

Conception et réalisation : A. Magnan, 2011.

Figure 1 – Le niveau de vulnérabilité d'un système (un territoire, une société) varie dans le temps.

Un tel ancrage historique invite à adopter une vision large des facteurs de vulnérabilité, laquelle ne se limite donc pas à une quelconque dimension économique et prend des formes nécessairement très variables d'une société à une autre. Nos travaux empiriques et fondamentaux nous ont amené à réunir ces facteurs d'influence en six groupes principaux (tableau 1) : si les deux premiers (configuration spatiale et sensibilité des écosystèmes) renvoient aux composantes physiques de la vulnérabilité, les quatre suivants (cohésion sociétale, diversification des activités, organisation politico-institutionnelle, conditions de vie) décrivent la capacité d'adaptation *stricto sensu* de la société.

Tableau 1 – Les grands facteurs d'influence de la vulnérabilité et de la capacité d'adaptation.

Facteurs d'influence	Vulnérabilité	Capacité d'adaptation*
Configuration spatiale	X	
Sensibilité environnementale	X	
Cohésion sociétale	X	X
Diversification des activités économiques et de subsistance	X	X
Organisation politico-institutionnelle	X	X
Conditions de vie	X	X

* Une question qui reste ouverte, et à laquelle nous ne répondrons pas dans cette étude, est de savoir dans quelle mesure les conditions environnementales (configuration et sensibilité) contribuent ou non directement à la capacité d'adaptation.

La configuration spatiale

Elle se traduit en termes de potentialités et de contraintes pour le développement de la société et elle recouvre deux dimensions principales.

La première touche au contexte régional auquel appartient le territoire d'étude. Cette échelle va déterminer une série d'événements possibles, tels les cyclones et la mousson dans les zones tropicales, ou les tempêtes de neige dans les zones froides. Elle fournit donc un cadre général aux aléas naturels.

Tous les espaces d'une même zone climatique (intertropicale, tempérée, polaire) ne sont cependant pas soumis aux mêmes menaces, soit que les aléas varient en nature comme en intensité, soit que leurs impacts ne se traduisent pas partout de manière uniforme. Le type des côtes, à l'échelle locale et microlocale, joue par exemple un rôle fondamental : les lidos du Languedoc et de Camargue ne réagiront pas de la même manière à de fortes vagues que les côtes rocheuses des îles grecques. De même que la part de linéaire côtier, la proportion de zones de faibles altitudes, un réseau hydrographique plus ou moins ramifié, un bassin versant plus ou moins pentu, la densité du couvert végétal, la morphologie sous-marine vont concourir à expliquer le degré d'exposition du territoire aux aléas (fortes tempêtes, précipitations intenses, etc.). En montagne, ce sont la nature des roches et des sols, l'inclinaison des pentes ou encore les types de végétaux qui « façonneront » les conséquences d'un aléa donné.

La sensibilité de l'environnement

Les écosystèmes qui composent un territoire vont être plus ou moins perturbés par une modification du contexte (moins de pluies, des vents plus forts, des eaux plus chaudes...). On parle de leur « sensibilité », laquelle influe indiscutablement sur la probabilité qu'une perturbation affecte ou non les équilibres en place, ce qui à son tour se répercutera sur la vulnérabilité du territoire dans son ensemble.

Faune et flore peuvent en effet jouer un rôle dans l'atténuation des risques, comme c'est notamment le cas pour les récifs coralliens, les mangroves ou les dunes de sable qui, sur les littoraux, constituent des « espaces tampon » face aux houles de tempête (encadré 2).

Figure 2 – Différents types de territoires, différents types de risques (clichés A. Magnan, 2010).

Des milieux différents sont concernés par des risques naturels différents. En haut, la bordure orientale de l'atoll de Tarawa Sud, dans l'archipel des Kiribati (Pacifique central). En bas, un versant enneigé des bordures montagneuses de la vallée de l'Ubaye, dans les Alpes du Sud (France).

Ces protections naturelles peuvent toutefois être sévèrement affectées par des vagues plus fortes qu'à l'habitude ou, dans le cas des récifs coralliens, par un réchauffement des eaux de surface et/ou leur acidification progressive. De même que des espèces végétales très sensibles aux variations de la pluviométrie ne retiendront plus les sols en cas de sécheresse prolongée, ce qui conduira à leur érosion et à des glissements de terrain lors d'épisodes pluvieux. Ainsi, les écosystèmes joueront d'autant moins leur fonction protectrice qu'ils auront été affaiblis par des événements extrêmes ou des changements graduels, qu'il s'agisse d'ailleurs de pressions liées au changement climatique ou aux activités humaines (pollution, dégradation mécanique…).

ENCADRÉ 2

Des « zones tampon » naturelles : l'exemple de l'île d'Oléron après Xynthia

Les tempêtes sont des aléas d'origine météo-marine qui engendrent des vagues, lesquelles se combinent parfois à des vives eaux (forts coefficients de marée). Cela conduit, sur les côtes sableuses et basses, à des épisodes d'érosion et de submersion. C'est ce qui a eu lieu en Charente-Maritime lors de la tempête Xynthia, en février 2010. Une semaine après l'événement, une géomorphologue de l'université de La Rochelle s'est rendue sur le terrain pour faire un bilan des impacts sur les côtes de l'île d'Oléron.

Son rapport met clairement en avant les forts contrastes spatiaux des impacts, contrastes qui s'expliquent en partie par la présence ou non de dunes de sable ayant joué un rôle protecteur[1].

1. V. Duvat, « Les impacts de la tempête Xynthia sur les plages de l'île d'Oléron : la réalité du terrain », documents LIENSs, URL : http://lienss.univ-larochelle.fr/IMG/pdf/RapportXynthiaOleron2.pdf;

Ainsi, au sud-est, « l'absence de dunes bordières a permis aux vagues de pénétrer sur de grandes distances à l'intérieur des terres », alors qu'au nord-est, « grâce à l'existence de dunes littorales, les zones de marais n'ont pas été submergées ». Si les vagues de tempête ont quand même érodé les dunes, marquant un recul de 10 à 20 mètres selon les secteurs, le fait est que « même là où elle ne [faisait] plus que quelques mètres de largeur, la dune a joué un rôle protecteur ».

Une dune, surtout lorsqu'elle est large, haute et que son couvert végétal est dense, constitue donc une zone tampon cruciale face à la mer. Il est cependant aussi nécessaire qu'elle soit continue sur une certaine distance. Quand il existe une trouée (on parle de « brèches »), qu'elle soit d'origine naturelle (arrivée d'un cours d'eau, par exemple) ou humaine (ouverture d'un chemin d'accès à la plage, construction d'une rampe pour les bateaux, etc.), celle-ci offre un point de fragilité. La mer peut alors s'engouffrer à travers la dune et endommager des maisons ou, comme cela a été le cas dans le secteur des Huttes et des Seulières (nord-ouest de l'île), la route côtière.

Au final, « dans les secteurs de dunes étroites et fragilisées par les aménagements [...], il y a lieu de s'interroger sur la possibilité de maintenir au cours des prochaines décennies la position des résidences, de quartiers d'habitat [...] et même de villages ».

La cohésion sociétale

Elle repose schématiquement sur les rapports sociaux entre les individus du groupe, sur le partage d'une identité culturelle et, généralement, sur une relative homogénéité entre les classes économiques[1]. Et elle peut

1. Au sens d'écarts de richesse qui ne sont pas trop importants.

contribuer à la réduction de la vulnérabilité du territoire en favorisant les mécanismes de solidarité à différentes échelles (individuelles et collectives) et dans différents domaines (alimentation, scolarisation, logement, formation…).

La cohésion d'une société se construit sur la base d'une conscience d'appartenance à un même groupe, au sein duquel le sort des uns est plus ou moins directement lié à celui d'autres. C'est en soi un élément clé de l'édification d'une identité partagée et, à terme, de la reconnaissance d'un territoire commun. La cohésion sociétale peut prendre diverses formes selon les contextes, par exemple l'assurance dans les espaces viticoles du Bordelais (France) ou la constitution de réserves de coco séchée dans l'atoll d'Onotoa (sud des Kiribati, Pacifique Sud), et elle va jouer un double rôle. D'abord, en temps de crise, en favorisant les stratégies de réponse collectives plutôt qu'individuelles, limitant ainsi l'ampleur de la catastrophe et son impact dans le temps. Ensuite, en autorisant la mise en place de démarches anticipatives qui reposent sur l'acceptation par la population des efforts immédiats à fournir pour des bénéfices qui ne surviendront qu'ultérieurement et aléatoirement. C'est un point crucial de l'actuelle lutte contre le changement climatique, tant du point de vue de la réduction des émissions de gaz à effet de serre que de la mise en œuvre de stratégies et de mesures d'adaptation.

La diversification des activités économiques et de subsistance

Deux caractéristiques peuvent renforcer la vulnérabilité du territoire : le fait qu'il y ait peu d'activités différentes et, lorsqu'il y en a, le fait qu'elles dépendent majoritairement d'une même ressource environnementale.

Dans un contexte de mono-activité, l'affaiblissement du secteur dominant par une catastrophe naturelle (en premier lieu *via* la destruction de l'appareil de production) ne pourra être compensé, au moins pour un temps, par l'activité d'un autre secteur. Dès lors, et tant qu'une aide extérieure n'interviendra pas, le territoire se retrouvera sans ressources économiques, alors même que celles-ci sont plus que nécessaires au moment de la reconstruction. En outre, la mono-activité présente l'inconvénient de proposer un spectre d'emplois restreint, si bien qu'en cas de perturbation, c'est rapidement l'ensemble de la force de production du territoire qui est affectée. La perte des emplois et le manque de perspectives dans d'autres secteurs se répercutent sur les revenus des ménages, amputant leur capacité à se remettre d'une crise. Un effet de cercle vicieux peut alors rapidement s'instaurer.

La diversification des activités n'est cependant pas une garantie de moindre vulnérabilité : encore faut-il que celles-ci ne reposent pas toutes sur l'exploitation d'une même ressource. Dans une telle configuration, en effet, la dégradation durable de cette ressource par un aléa revient à la situation précédente d'endommagement du système de production. Un exemple caricatural est celui d'un territoire insulaire ayant développé tourisme, agriculture familiale côtière et activité de pêche. En cas de très forte tempête, les submersions vont saliniser les sols et les houles puissantes vont détruire tout ou partie des infrastructures portuaires et touristiques. En un mot, toute l'économie, qui repose sur plusieurs activités mais sur une seule ressource (l'espace littoral), est mise durablement à mal. Un autre exemple pourrait être celui d'un territoire n'ayant investi que dans l'activité agricole et la production hydroélectrique. Quels seront alors les effets d'une sécheresse prolongée ? De tels raisonnements pourraient être menés sur la base de changements plus graduels (élévation du niveau de la mer, réduction des précipitations...), posant directement la question de savoir comment un territoire peut réduire sa vulnérabilité par la diversification de ses activités et des ressources qu'il exploite.

L'organisation politique et institutionnelle

Manifestement, avec la montée en puissance du changement climatique, le rôle des politiques publiques ne peut plus se limiter à pallier les perturbations : elles doivent aussi, et de plus en plus, accompagner et stimuler l'évolution de modes de développement qui aillent dans le sens d'une réduction de la vulnérabilité actuelle et future.

Sont donc ici invoqués, d'une part, les dispositions légales et réglementaires applicables à l'ensemble du territoire et, d'autre part, les instruments et organes utiles à leur mise en œuvre. Deux questions principales émergent alors. D'abord, existe-t-il à l'échelle de l'ensemble du territoire une complémentarité des compétences politiques et institutionnelles en matière de gestion et de prévention des risques naturels ? Autrement dit, tous les domaines du risque, et indirectement tous les facteurs influençant la vulnérabilité, sont-ils couverts ? La réponse conduit à la seconde question : ces compétences sont-elles coordonnées ? Se complètent-elles les unes les autres et, au-delà, sont-elles susceptibles de répondre ensemble à la globalité du risque ? Ces interrogations sont particulièrement prégnantes dans le contexte des risques graduels, car les mécanismes d'anticipation – donc de cadrage sur le long terme – requièrent cette cohérence des approches politiques et institutionnelles afin de construire des réponses structurées susceptibles d'enrayer le plus tôt possible les effets dominos inhérents à une perturbation.

Les conditions de vie de la population

Si le niveau de développement n'est pas une fin en soi, il contribue indéniablement à créer et maintenir des marges de manœuvre. On peut considérer ici les conditions de vie de la population comme un reflet du niveau de développement. Elles sont généralement appréhendées à travers l'indice de développement humain (IDH), qui combine des indicateurs de santé et d'éducation. C'est là cependant une approche réductrice pour tenter de caractériser ce qui, dans le mode de développement de la société, tend à la rendre fragile ou résistante aux perturbations naturelles. Un panel plus large d'éléments est à considérer, parmi lesquels la démographie, l'habitat, l'éducation, l'emploi, les transports, l'énergie et la santé.

Le taux de croissance démographique, les densités de population variables d'un lieu à un autre ou encore la configuration de la pyramide des âges ont une influence sur la vulnérabilité. Une forte croissance démographique requiert par exemple des investissements considérables en matière d'aménagement du territoire (logements, télécommunications, structures publiques...), ce qui peut paradoxalement tendre à amputer les capacités financières allouées à la gestion des perturbations en même temps qu'elle en amplifie les impacts.

Les conditions d'habitat influent directement sur la vulnérabilité des communautés locales face au risque. Les habitations peuvent être précaires et peu résistantes à des mouvements d'eau, à des vents violents, à de fortes chaleurs ou encore à l'agression par le sel. Elles peuvent par ailleurs être plus ou moins bien adaptées à une évolution des conditions climatiques.

La relation vulnérabilité/éducation est plus ambiguë. On peut en effet *a priori* penser que les niveaux d'éducation de la population tendent à préfigurer la capacité des individus à adopter des comportements et des pratiques qui réduisent la vulnérabilité. Cependant, un haut niveau d'éducation ne suppose pas fatalement une connaissance précise de tous les types de risques menaçant le territoire de vie et de tous les types de réactions à adopter.

De la même manière, les aspects relatifs à l'emploi, qui sont à la fois quantitatifs et qualitatifs (part de population active, types d'activités, niveaux de salaires...), ont une influence. Principalement parce qu'ils se traduisent en termes de niveau de revenus des ménages. Or, ces revenus expliquent en grande partie l'accès à des logements résistants et/ou à des moyens de transport, ou encore l'implantation dans des zones moins à risques. Si cela montre qu'il existe un lien entre pauvreté et vulnérabilité, l'erreur consiste cependant à considérer ce lien comme étant systématique, en grande partie parce qu'aucun facteur de vulnérabilité n'agit indépendamment des autres.

Les transports, publics et privés et la qualité et la diversité des réseaux de transport permettent de gérer de manière plus ou moins efficace les périodes de crise, en favorisant par exemple les logiques d'évacuation ou d'acheminement des premiers secours et d'aliments. Ainsi, les réseaux et moyens de transport peuvent accompagner une organisation spatiale adaptée aux évolutions naturelles graduelles, c'est-à-dire un (re) déploiement d'activités existantes ou nouvelles vers d'autres portions du territoire. Cela renvoie à la notion de marginalisation spatiale, donc à des questions d'accès des populations aux véhicules, à des voies de circulation praticables et aux espaces de repli et de prise en charge (hôpitaux, zones d'hébergement temporaire...).

Le type d'énergie utilisé par les ménages constitue un facteur limitant ou aggravant de vulnérabilité en reflétant une dépendance à une source énergétique, elle-même plus ou moins sensible à des perturbations. De nombreux foyers dans le monde utilisent encore majoritairement le bois pour se chauffer ou pour cuisiner. En cas d'incendie, d'inondation ou, sur un plus long terme, de réduction des productions locales de bois, quels effets sont à attendre de difficultés dans l'approvisionnement en source d'énergie ? De la même manière, une ville privée d'électricité durant plusieurs jours peut être confrontée à de multiples problèmes. Ceux-ci sont alors à la mesure de la capacité du territoire à restaurer les réseaux électriques et les appareils de production d'énergie.

Le volet « santé » peut aggraver ou atténuer la vulnérabilité. Schématiquement, une population en bonne santé tendra à être moins affectée et par la perturbation, et par ses conséquences indirectes (insalubrité...). De même qu'ayant moins à pallier les urgences socio-sanitaires, elle sera – au moins en théorie – plus disponible pour développer des stratégies d'adaptation de long terme et plus globales. Resurgissent ici les problèmes des marginalités et des inégalités, qui expliquent que des groupes de population sont plus menacés que d'autres. Il faut cependant là encore rester prudent, car on sait combien des populations immunes de certaines pathologies peuvent être fragiles face à de nouvelles. Or, le changement climatique est porteur d'une recrudescence de maladies dans des zones dans lesquelles elles n'existent pas ou plus.

Ce portrait de la diversité des facteurs d'influence de la vulnérabilité appelle deux conclusions. D'une part, la vulnérabilité et la capacité d'adaptation ne dépendent pas seulement, en définitive, du niveau de développement économique. Dès lors, la vulnérabilité n'est pas l'apanage des pays en développement, comme on le croit souvent, et « tout le monde est (potentiellement) vulnérable au changement climatique ». D'autre part, « la vulnérabilité des uns n'est pas celle des autres » puisque les combinaisons de facteurs qui expliquent la vulnérabilité sont extrêmement variées, pour ne pas dire infinies. Il est de fait illusoire de penser que des solutions adoptées en un lieu donné puissent être transposées en l'état dans un autre contexte.

3

Entre anticipation et résilience

Préambule

Ce chapitre est le résultat de l'« exploration conceptuelle » que nous avons menée depuis près de cinq ans sur cette question de l'adaptation au changement climatique. Au fil de nos lectures (revues scientifiques internationales ou littérature « grise »[1]), il nous a semblé que la théorie de l'adaptation au changement climatique tendait progressivement à s'éloigner des réalités et des besoins concrets exprimés « sur le terrain ». Ainsi, au moment où nous menions une étude en France dans la région du Languedoc et où nous rencontrions des acteurs ne voyant pas comment mettre en route concrètement une démarche d'adaptation[2], une revue scientifique internationale éditait un numéro spécial sur un concept dit innovant, la *sustainable adaptation* (l'« adaptation durable »), comme si le principe même de l'adaptation n'était pas d'assurer la soutenabilité ! Cet exemple presque caricatural montre que les blocs « science » et « mise en œuvre » avancent en parallèle – ce qui n'est pas un problème en soi car chacun alimente la réflexion commune tout en restant relativement indépendant de l'autre – mais qu'au lieu de se rejoindre progressivement,

1. Il s'agit de textes qui n'ont pas suivi une procédure d'évaluation scientifique, par exemple de rapports d'organisations internationales ou non gouvernementales, ou de documents de travail publiés sur le web par des groupes de recherche (*working papers*).

2. Lors des entretiens et des visites de terrain, ce sont presque uniquement des actions d'atténuation qui ont été évoquées, plus aisées à identifier mais ne relevant pas les défis spécifiques posés par l'adaptation.

ils tendent à s'éloigner. Cela nous semble préoccupant au regard des impératifs imposés aujourd'hui par un changement climatique partiellement inévitable. C'est pourquoi nous nous sommes inscrits, avec d'autres, dans une démarche de rapprochement entre science et décision/pratique. Il nous a dès lors paru nécessaire de montrer en quoi un regard théorique pouvait aider à poser des bases pour améliorer l'identification et la mise en œuvre d'initiatives d'adaptation concrètes, pertinentes et réalistes. Dans cet état d'esprit, voir dans les notions de résilience et d'anticipation les deux grands piliers de l'adaptation nous paraît utile pour montrer aux décideurs politiques et aux « praticiens de l'adaptation » qu'une expérience du risque naturel existe qui peut être profitable pour se confronter au changement climatique, et donc que des cadres et des outils sont disponibles qui ne nous laissent pas démunis face à cet enjeu d'une ampleur assurément nouvelle.

Si l'adaptation s'impose désormais comme l'un des axes fondamentaux de la lutte contre le changement climatique, le concept en lui-même reste difficile à appréhender. D'un point de vue très général, on peut dire que son essence est de permettre aux sociétés humaines de réduire leur vulnérabilité aux changements environnementaux, actuels et futurs, soudains comme graduels. En d'autres termes, il s'agit pour elles d'être non seulement assez solides pour projeter leurs choix de développement dans le temps, mais également suffisamment flexibles pour réajuster ces choix au fur et à mesure que de nouvelles connaissances sont mises en lumière. Cette notion de flexibilité est centrale.

Selon le GIEC, l'adaptation au changement climatique consiste en un « ajustement des systèmes naturels ou des systèmes humains face à un nouvel environnement ou à un environnement changeant ». Le terme d'« ajustement » met clairement en avant l'idée de mouvement, c'est-à-dire de conditions qui changent nécessairement avec le temps et auxquelles il faut, justement, s'adapter. L'adaptation est donc bien un processus, au sens d'un ensemble d'éléments « conçu comme actif et organisé dans le temps[1] ». L'enjeu de l'adaptation, pour un territoire ou une société, c'est donc d'être capable d'évoluer pour répondre à des conditions changeantes, tout en maintenant ce qui fait sa cohérence, son unité. Or, cette capacité à évoluer repose sur deux dimensions distinctes, mais toutes deux fondamentales : l'anticipation et la résilience. Schématiquement, la première renvoie à l'aptitude à se projeter dans le temps, et la seconde à l'aptitude à accroître la réactivité du territoire face à des perturbations relativement imprévisibles. Ces deux dimensions sont éminemment complémentaires car d'un côté l'humanité a développé des moyens (les modèles climatiques) pour essayer de prévoir les changements à venir, de l'autre ces moyens ne parviendront probablement jamais à reproduire parfaitement la complexité du réel et donc à prédire longtemps à l'avance ce qui va exactement se passer. Le cœur de l'adaptation réside précisément dans la capacité à jongler avec cette dualité et se traduit pour une société par son aptitude à être suffisamment flexible pour gérer l'imprévisible sans pour autant en être prisonnière.

FLEXIBILITÉ

Le processus d'adaptation renvoie aux mécanismes et aux étapes de l'adaptation, c'est-à-dire aux logiques propres au territoire qui expliquent l'évolution des diverses formes que peut prendre l'adaptation (des projets, des programmes, des politiques). Schématiquement, l'état stabilisé d'un territoire à un moment donné correspond à l'équilibre qu'il a trouvé entre ses ambitions de développement et les contraintes environnementales (ressources, aléas naturels...). Imaginons qu'un nouvel élément vienne perturber cet équilibre, en l'occurrence ici un aléa naturel qui détruit une

1. Définition du *Nouveau Petit Robert* dans son édition de 1993.

partie des biens accumulés par la population et ampute plus ou moins lourdement l'appareil économique. Alors les conditions de l'équilibre initial changent et, de fait, le schéma de développement d'avant la perturbation n'est plus adapté aux nouvelles conditions. Les hommes doivent y apporter des modifications, soit dans le but de revenir à un état proche du précédent, soit en en profitant pour essayer de mettre le territoire à l'abri de nouvelles perturbations similaires. Quel que soit le choix fait, il y a mouvement du schéma de développement, ce qui place le territoire dans un nouveau rapport forces/faiblesses vis-à-vis d'autres éléments perturbateurs, lesquels arriveront inéluctablement un jour ou l'autre. De nouveau il faudra apporter des modifications et donc changer. Le mouvement se dessine, perpétuel (figure 3).

Cela impose d'adopter une vision dynamique de l'adaptation. Autrement dit, on ne peut pas envisager l'adaptation comme la quête d'une image figée du futur (« être adapté en 2050 ou en 2100 »), mais comme un état de relatif équilibre hommes/environnement qui ne sera jamais figé pour toujours et qui demandera en permanence des réajustements plus ou moins profonds. C'est la même logique de fond que celle du développement « durable » : on a tendance à imaginer une vision idéale du futur et à se demander comment l'atteindre, alors qu'en réalité, c'est dans la capacité à faire évoluer l'humanité dans une relation régulée entre le développement humain et le respect des équilibres naturels que réside tout l'enjeu de la durabilité. Un développement ne peut être durable en soi, car le contexte auquel il est adapté va nécessairement changer. Mais le terme de « durable » induit intuitivement l'idée de fixité, ce pourquoi nous lui préférons clairement celui de « soutenable » qui invite davantage à considérer le mouvement. Ainsi, qu'il s'agisse de développement soutenable ou d'adaptation au changement climatique, on a généralement tendance à associer à ces enjeux une vision du futur à la fois fixiste et trop idéalisée.

Pour un
système donné…

… **l'équilibre hommes / environnement** est nécessairement instable et il évolue de manière irrégulière : périodes d'équilibre / déséquilibre plus ou moins longues, perturbations plus ou moins brutales / graduelles, réponse du système plus ou moins efficace.

Une **perturbation** survient, ponctuelle ou graduelle, qui se traduit par une modification rapide ou lente des conditions environnementales. Cela nuit à l'équilibre hommes / environnement, et une nouvelle forme d'équilibre doit être trouvée. Elle va largement dépendre de la **flexibilité** du système, laquelle va reposer sur la capacité de la société à la fois à réorienter et à consolider ses bases de développement. La société va donc devoir s'adapter à des conditions changeantes.

Résilience et **anticipation** se combinent à ce stade pour expliquer cette capacité d'adaptation de la société.

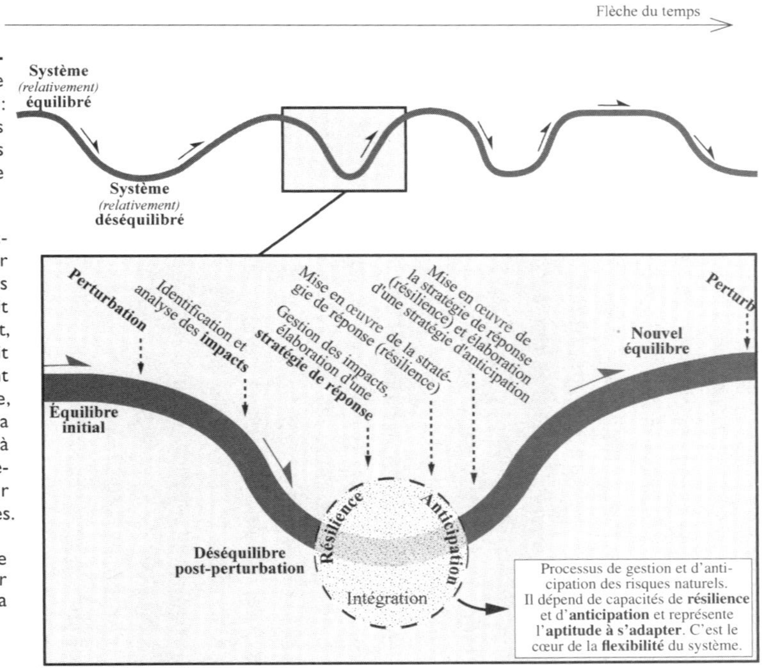

Conception et réalisation : A. Magnan, 2011.

Figure 3 – Les systèmes doivent en permanence s'ajuster à des modifications de contexte.

Celle-ci est rassurante pour l'esprit en ce sens qu'elle répond, tout du moins pour nous Occidentaux, soit à des aspirations d'ordre métaphysique, soit à une rationalité scientifique qui veut qu'à chaque problème on trouve une solution quasi parfaite. Elle pose néanmoins deux problèmes : d'une part, il est hasardeux de définir *a priori* un point d'arrivée définitif ; d'autre part, il est loin d'être certain qu'un tel point d'arrivée existe, du moins sommes-nous à l'évidence très loin d'une prétendue « harmonie » entre les hommes et la nature.

S'adapter, c'est donc plus être capable de continuer à changer que de devenir seulement différent. La notion clé est ici celle de « flexibilité ». Un ajustement, peu importe sa nature et son ampleur, ne peut être réalisé que dans un contexte dans lequel les mécanismes de rigidité (les procédures administratives ou les jeux entre acteurs économiques, par exemple), bien qu'en partie nécessaires pour stabiliser le système, ne bloquent pas l'intégralité de la machine, rendant à terme le fonctionnement d'ensemble obsolète. Mais une telle flexibilité renvoie à un jeu d'équilibre ambigu entre la conservation et la consolidation, d'une part, de bases peu ébranlables par des perturbations naturelles et, d'autre part, d'une marge de manœuvre suffisamment grande pour que l'on puisse intégrer les changements post-perturbation sans remettre en cause l'intégralité du système – depuis sa manière de fonctionner (échelons administratifs, plans de prévention des risques naturels...) à ses objectifs (assurer la croissance économique, réduire les inégalités sociales...) en passant par ses valeurs fondamentales (préserver une identité collective, respecter l'environnement...).

Allons un peu plus loin. Cette flexibilité repose à son tour sur deux manières complémentaires d'aborder l'avenir, que le contexte du changement climatique met particulièrement en relief dans la mesure où l'évolution des moyennes climatiques et la variabilité climatique (= variation des paramètres autour des moyennes) continueront de se combiner, et donc où les changements graduels (par exemple l'élévation du niveau de la mer) et les événements plus ponctuels (par exemple les tempêtes et les fortes houles associées) ne cesseront de se croiser. Schématiquement, aux perturbations graduelles prévisibles sur le long terme se mêleront toujours des événements extrêmes peu ou pas prévisibles, même sur un temps court. Partant de ce constat, il s'agit pour une société donnée de chercher en même temps à prévoir les perturbations futures (on parle d'*anticipation*) et à limiter les effets de celles que l'on ne pourra pas prévoir (on parle de *résilience*).

Anticipation

L'anticipation, c'est la dimension la plus communément admise de l'adaptation au changement climatique. Elle fait référence au temps long et à la capacité que l'on a ou que l'on développe à imaginer des réponses en amont des problèmes. On parle généralement des horizons temporels 2030, 2050, voire 2100 et même si c'est surtout pour évoquer les tendances simulées par les modèles climatiques, ce sont là les plages de temps sur lesquelles on estime qu'il est nécessaire ou souhaitable de penser la lutte contre le changement climatique. L'adaptation ne s'affranchit évidemment pas de cette logique car changer nos modes de consommation, par exemple modifier nos pratiques et notre philosophie de l'aménagement du territoire (encadré 4), ou encore entamer une révolution des mentalités pour que les générations futures soient plus respectueuses de l'environnement que les nôtres, suppose aussi du temps. Les sociétés sont empruntes de latence et viser des modifications du fonctionnement de nos systèmes en 2030 ou en 2050 suppose d'enclencher maintenant les changements.

L'une des principales difficultés que soulève le défi de l'anticipation, c'est qu'elle confronte des décideurs politiques, mais aussi des acteurs économiques, des associations locales, des populations, à une relative incertitude quant à ce qu'il va réellement advenir.

ENCADRÉ 3

Différentes options d'adaptation face à l'élévation du niveau de la mer

Sur les littoraux du monde entier, l'élévation progressive du niveau de la mer s'impose comme une contrainte majeure. De l'ordre de 80 centimètres à 1 mètre d'ici la fin du siècle selon les prévisions, la montée du niveau de la mer va très probablement amplifier les phénomènes d'érosion côtière que connaissent déjà de nombreuses côtes, ceux de submersion (temporaire ou permanente) des terres basses et, enfin, ceux de salinisation des nappes d'eau souterraines et des sols agricoles. On imagine dès lors combien elle va contraindre les modalités d'occupation des espaces littoraux, et donc les choix en matière d'aménagement du territoire. Le tableau ci-dessous expose trois options très classiques envisagées pour faire face au recul progressif du trait de côte, ainsi que leurs avantages et leurs inconvénients. Elles sont généralement présentées comme trois stratégies d'adaptation au changement climatique, même s'il faut préciser que dans les détails de leur mise en œuvre et en fonction des spécificités des territoires concernés, ces options peuvent être porteuses de maladaptations – c'est-à-dire, très schématiquement, de bonnes intentions qui, faute d'une analyse approfondie de leurs effets secondaires à long terme, peuvent finalement engendrer l'effet inverse de celui escompté, autrement dit non pas une réduction de la vulnérabilité d'un littoral, mais plutôt son déplacement dans l'espace (on a diminué la pression sur certaines ressources en la reportant sur celles d'à côté) ou son changement de nature (par exemple on renforce la capacité d'adaptation d'un secteur économique aux dépens d'un autre, qui se retrouve de fait moins en mesure de résister à des aléas naturels).

Tableau 1 – Les grands facteurs d'influence de la vulnérabilité et de la capacité d'adaptation.

Stratégie	Avantages	Inconvénients
Protection Figer le trait de côte (digues, enrochements) ou agir sur les causes de l'érosion (brise-lames, épis, rechargemet en sable)	• Efficacité dans la résolution des problèmes locaux • Forte acceptabilité sociale	• Coûts importants • Déplacement du phénomène érosif vers d'autres secteurs • Perturbation du fonctionnement sédimentaire
Accommodation (Ajustement des systèmes naturels et humains à un environnement nouveau ou changeant). S'adapter au phénomène en édictant des règles de construction (zonage, rehaussement des fondations…), des mesures de compensation des biens ou systèmes détruits	• Gain d'espace et préservation de l'état naturel du rivage • Politique locale • Faible coût • Indemnisation et surcoûts des ouvrages de protection évités	• Mesures locales non uniformes • Mesures ne répondant pas à un impératif de long terme
Recul stratégique Déplacer les objets d'enjeux vers l'intérieur	• Meilleure efficacité à court et long terme • Pas d'entretien • Pas d'impact sur le fonctionnement sédimentaire	• Besoin d'espace à l'arrière et de terrrains d'accueil pour déplacer les infrastructures et activités • S'applique difficilement dans des zones à fort enjeu socio-économique ou pour des infrastructures et de l'urbanisation lourde • Faible acceptabilité sociale
Non-action Prendre la décision de ne pas agir	• Respect du fonctionnement naturel	• Application limitée aux espaces naturels à très faibles enjeux

D'après R. Paskoff (2001) et R. Billé & J. Rochette (2008).

Comment se préparer à quelque chose que l'on n'identifie pas clairement ? Sans insister ici sur la question des incertitudes scientifiques concernant la nature et l'ampleur spatio-temporelle des impacts du changement climatique, précisons simplement que ce changement s'inscrit parallèlement à d'autres facteurs de changement à venir (potentiellement tout aussi puissants ou davantage) : trajectoires économiques, attitudes sociales, relations géopolitiques, etc. Or, ces autres facteurs de changement sont eux-mêmes marqués du sceau de l'incertitude dès lors que l'on tente de scénariser leurs évolutions sur plusieurs décennies. Bien malins ceux qui peuvent garantir que le tourisme estival balnéaire, dominant aujourd'hui, continuera d'être la forme de tourisme la plus recherchée dans cinquante ou soixante ans. Il y a un demi-siècle, la Méditerranée était prisée en hiver (douceur du climat par rapport aux terres européennes intérieures) et évitée en été. Des changements de perception et de pratiques de consommation peuvent donc survenir, qui sont difficiles à prévoir. Les incertitudes associées aux simulations climatiques, avant de poser des questions nouvelles, renforcent un problème qui existe depuis des millénaires : gérer sous le joug de l'incertitude, et donc parier sur les bénéfices à venir d'actions que l'on doit initier maintenant.

Par ailleurs, dans le domaine des impacts du changement climatique, ce n'est pas parce que l'avenir est incertain dans les détails que tout sera fatalement nouveau. Au contraire, le chapitre 1 rappelait qu'une part importante des menaces que porte le changement climatique consiste en l'exacerbation de perturbations naturelles qui frappent déjà de nombreuses communautés humaines de par le monde, et ce depuis des temps immémoriaux. Des régions seront évidemment confrontées à des aléas auxquelles elles n'avaient pas ou peu l'habitude de faire face auparavant, mais ceux-ci ne seront pas totalement inconnus dans la mesure où leurs impacts auront été étudiés ailleurs et où l'on disposera de bases de connaissances pour tenter de pallier – au moins en partie – le problème de cet « aléa nouveau ». Ainsi le changement climatique va amplifier des problèmes qui existent déjà, et qui renvoient non seulement à des phénomènes naturels, mais aussi aux conditions de vie et de développement des communautés humaines. Les démarches d'anticipation peuvent donc s'appuyer sur une certaine expérience du risque, au moins à l'échelle mondiale. Les acteurs de l'adaptation, et plus globalement ceux du développement soutenable, ne sont pas totalement démunis d'expérience(s) et de moyens face au changement climatique. Les initiatives *ex-ante* ne peuvent toutefois se suffire à elles-mêmes, et une démarche complémentaire doit consister à favoriser la réactivité des sociétés aux aléas naturels imprévisibles. On parle de résilience.

Résilience

Pour s'en tenir à une définition simple, la résilience est un mécanisme qui permet à un système de retrouver une forme d'équilibre après une perturbation. Contrairement à l'anticipation, il intervient donc essentiellement *ex-post*. Pourtant, il n'en participe pas moins de l'adaptation : devenir ou continuer d'être capable de réagir à un événement imprévu reste un enjeu d'actualité, y compris dans le contexte du changement climatique (voir la variabilité climatique).

L'enjeu de la résilience consiste à renforcer notre aptitude à « digérer les crises », puisqu'il en surviendra toujours. On peut là aussi appuyer un tel effort sur l'expérience actuelle puisque des aléas naturels qui ressemblent à s'y méprendre à ceux de demain surviennent déjà. Le défi consiste alors à projeter la capacité ou l'incapacité d'un territoire à être résilient. Les travaux scientifiques nous enseignent que la résilience repose en grande partie sur une consolidation de la cohérence territoriale et de la cohésion sociétale, sur une amélioration des conditions de vie (habitat, santé, alimentation…) et plus généralement des conditions de développement (éducation, politiques publiques, emploi…), et enfin sur une meilleure préservation/conservation de milieux naturels et de la biodiversité (services écosystémiques notamment). Il s'agit donc en quelque sorte de cimenter les caractéristiques de base des territoires, sans pour autant les figer. Ressurgit ici l'impératif de flexibilité : dès lors qu'on ne peut prédire l'avenir lointain avec certitude, une stratégie intéressante consiste à être capable de réagir en « temps réel » ; une certaine flexibilité dans le fonctionnement d'un système influe sur son degré de réactivité et, à terme, sur son aptitude à être résilient.

Parce qu'il est fondé sur une réaction à un événement et sur une échelle de temps relativement courte, le mécanisme de résilience répond aux manques du mécanisme d'anticipation, qui lui n'agit justement pas en réaction à quelque chose et s'établit sur des échelles de temps moyennes ou longues. La relation inverse est tout aussi vraie puisque la logique d'anticipation répond aux failles du mécanisme de résilience, et c'est pour cette raison que nous défendons l'hypothèse selon laquelle *l'adaptation ne peut se caractériser que par ces deux composantes à la fois*. Cela introduit également l'idée que le temps long n'est pas le seul horizon temporel à considérer en matière d'adaptation, mais que le temps court, celui de la réaction à des événements imprévus, doit l'être aussi. Plus largement, cela démontre que les stratégies d'adaptation et les politiques associées ne peuvent s'affranchir de la nécessité de considérer les imbrications de différentes échelles temporelles. Si bien que des actions actuelles et à bénéfices immédiats, comme la lutte contre la pauvreté en Afrique sub-saharienne, contre les inégalités sociales aux États-Unis ou contre les assauts de la mer dans les archipels du Pacifique Sud, peuvent constituer les pièces d'un puzzle plus général qui vise à terme la lutte contre le changement climatique.

Conclusion

Si l'humanité s'est adaptée à des changements environnementaux depuis des millénaires, cette adaptation s'est essentiellement réalisée sur un mode réactif, c'est-à-dire après que les conditions avaient changé. Le contexte actuel est différent dans la mesure où les progrès technologiques des deux derniers siècles nous permettent désormais de prévoir que des changements vont se produire, changements qui résultent d'ailleurs, très paradoxalement, de ces mêmes progrès. Il en ressort clairement que, pour la première fois de son histoire peut-être, l'humanité est potentiellement en mesure d'anticiper ses propres évolutions. Mais comment s'y prendre ?

La vulnérabilité d'une société donnée s'enracine dans son histoire propre et dans un contexte naturel lui-même en permanente évolution. L'ampleur grandissante du changement climatique pose la question de l'aptitude dont feront ou non preuve les sociétés humaines à repenser leur propre évolution dans le contexte plus global de celle de la planète et des espèces qu'elle abrite. Le défi de l'adaptation au changement climatique est celui du (re)positionnement de l'humanité face aux ressources naturelles, renouvelables ou non. Or, dans cette perspective, il n'est pas de modèle de développement qui puisse aujourd'hui s'affirmer comme mieux adapté que d'autres aux conditions environnementales du futur. De la même manière, affirmer que certaines sociétés seront fatalement plus vulnérables que d'autres d'ici cinquante ou cent ans relève tout simplement du domaine de la spéculation. Il est selon nous structurellement impossible de « prédire » qui est vulnérable au changement climatique et qui ne l'est pas, et ce pour au moins trois raisons.

Tout d'abord, la science du climat nous enseigne que si les effets du changement climatique ne se font sentir actuellement que discrètement et en certains lieux spécifiques de la planète, c'est surtout au cours des trois à quatre prochaines décennies qu'ils montreront leur pleine puissance.

C'est alors que les sociétés pourront prendre toute la mesure des changements environnementaux décrits au début du XXIe siècle comme « menaçants », et qu'au bout de la chaîne d'impacts, elles ressentiront les effets sociaux et économiques du changement climatique. Pour l'heure, les projections climatiques semblent encore trop globalisées et régionalisées pour déclencher à des échelles plus localisées des processus actifs d'anticipation. Il ne faudra toutefois pas attendre trop longtemps, car comme nous l'avons montré au chapitre 3, une stratégie ne reposant que sur des mécanismes de résilience a ses limites.

Ensuite, les sociétés ont le temps d'évoluer au cours des deux ou trois générations à venir, et avec elles l'ensemble de leurs caractéristiques actuelles. On a vu au chapitre 2 à quel point ces caractéristiques (les facteurs de vulnérabilité) expliquent la relative fragilité d'une société dans un contexte (évolutif) d'aléas naturels. Compte tenu de notre manque de connaissances précises sur les déterminants de la capacité d'adaptation de telle ou telle communauté, il reste relativement aléatoire – voire très présomptueux – de projeter à cinquante ans les capacités d'adaptation d'une communauté spécifique.

Enfin, on ne connaît ni la nature des choix d'adaptation présents et futurs, ni leur efficacité sur le long terme, alors même qu'ils ont justement vocation à réduire la vulnérabilité des territoires et des sociétés.

Nous terminerons en exprimant deux convictions. D'une part, *nous sommes tous vulnérables au changement climatique*, que ce soit dans une société industrialisée, émergente ou en voie de développement. Il est donc tout aussi dangereux de qualifier les autres de vulnérables que de se sentir soi-même invulnérable. Penser que la tragédie du changement climatique est « celle des autres » relève d'une erreur de jugement majeure, très préjudiciable aux générations à venir auxquelles nous avons le devoir d'assurer, du mieux que nous le pouvons, des conditions favorables à la vie et au développement humain. D'autre part, parce que l'adaptation repose sur une diversité de facteurs qui interagissent de manière très variable d'un contexte à un autre, *nous sommes tous adaptables au changement climatique*. Cela signifie qu'il n'y a pas de recette universelle d'adaptation, mais une infinité de combinaisons de facteurs et d'options, et donc de solutions. Reste la question de l'engagement, au sens noble du terme, des sociétés et de la communauté internationale face au défi de trouver des solutions contextualisées et de soutenir leur mise en œuvre.

Bibliographie

Alley R. B., Marotzke J., Nordhaus W. D., Overpeck J. T., Peteet D. M., Pielke R. A., Pierrehumbert R. T., Rhines P. B., Stocker T. F., Talley L. D., Wallace J. M., « Abrupt climate change », *Science*, 2003, 288, p. 2005-2010.

Bankoff G., « Rendering the world unsafe : "vulnerability" as western discourse », *Disasters*, 2001, 25, 1, p. 19-35.

Bard É., Mercier H., Cazenave A., Bopp L., Magnan A., *L'Océan, le climat et nous : un équilibre fragile ?*, Paris, Le Pommier/Universcience Éditions, 2011.

Bates B., Kundzewicz Z. W., Wu S., Palitukof J. (éd.), *Climate Change and Water*, Technical paper of the IPCC (www.ipcc.ch), Genève, 2008.

Billé R., Rochette J., *La GIZC face au changement climatique*, Document de cadrage pour la conférence « La gestion intégrée des zones côtières en Méditerranée du local au régional : comment stopper la perte de la biodiversité ? », Nice, France, 18-19 décembre 2008, http://www.iddri.org/Activites/Interventions/081218_Papier-cadrage-GIZC.pdf.

Blaikie P., Cannon T., Davis I., Wisner B., *At Risk : Natural Hazards, People's Vulnerability and Disaster*, Londres, Routledge, 1994.

Duvat V., Magnan A., « Des archipels en péril ? Les Maldives et les Kiribati face au changement climatique », *VertigO*, numéro spécial, « Les petits territoires insulaires face aux changements climatiques : vulnérabilité, adaptation et développement », 2010, 10, 3 [http://vertigo.revues.org/10594].

—, *Ces îles qui pourraient disparaître*, Paris, Le Pommier, 2012.

Hansen J., *Storms of my Grandchildren*, Londres, Bloomsbury, 2009.

Intergovernmental Panel on Climate Change (IPCC), *Climate Change 2007. Synthesis Report*, IPCC (www.ipcc.ch), Genève, 2007.

Magnan A., Duvat V., Garnier E., « Reconstituer les "trajectoires de vulnérabilité" pour penser différemment l'adaptation au changement climatique », *Natures Sciences Sociétés*, 2012, 20, p. 82-91.

Magnan A., « Questions de recherche autour de l'adaptation au changement climatique », *Natures, Sciences, Sociétés*, 2010, 18, p. 229-233.

Masson-Delmotte V., *Climat : le vrai et le faux*, Paris, Le Pommier, 2011.

MEEHL G. A., STOCKER T. F., COLLINS W., FRIEDLINGSTEIN P., GAYE A. T., GREGORY J., KITOH A., KNUTTI R., MURPHY J., NODA A., RAPERS S., WATTERSON I. G., WEAVER A., ZHAO Z. C., *Global climate change projections. Climate change 2007 : the physical science basis*, in S. Solomon, D. Qin, M. Manning, Z. Chen, M. Marquis, K. B. Averyt, M. Tignor et H. L. Miller (éd.), *Contribution of the Working Group I to the Fourth Assessment Report of the IPCC*, Cambridge et New York, Cambridge University Press, 2007, p. 747-846.

NIANG I., « Le changement climatique et ses impacts : les prévisions à l'échelle du monde », *Liaison Énergie Francophonie*, 2009, 85, p. 13-10 [http://www.iepf.org/media/docs/publications].

NESME-RIBES É., THUILLIER G., *Histoire solaire et climatique*, Paris, Belin, 2000.

PARRY M. L., CANZIANI O. F., PALUTIKOF J. P., VAN DER LINDEN P. J., HANSON C. E (éd.), *Contribution of Working Group II to the Fourth Assessment Report of the Intergovernmental Panel on Climate Change, 2007*, Cambridge et New York, Cambridge University Press, 2007.

PASKOFF R., *L'Élévation du niveau de la mer et les espaces côtiers : le mythe et la réalité*, Paris, Institut océanographique, 2001.

RANDALL D. A., WOOD R. A., BONY S., COLMAN R., FICHEFET T., FYFE J., KATTSOV V., PITMAN A., SHUKLA J., SRINIVASAN J., STOUFFER R. J., SUMI A., TAYLOR K. E., *Climate Models and their Evaluation*, in Solomon, S., Qin D., Manning M., Chen Z., Marquis M., Averyt K. B., Tignor M., Miller H. L. (éd.), *Climate Change 2007 : The Physical Science Basis. Contribution of Working Group I to the Fourth Assessment Report of the Intergovernmental Panel on Climate Change*, Cambridge et New York, Cambridge University Press, 2007.

TUBIANA L., GEMENNE F., MAGNAN A., *Anticiper pour s'adapter : le nouvel enjeu du changement climatique*, Paris, Pearson, 2010.

Première de couverture
Façade méridionale
de l'atoll de Tarawa Sud (archipel des Kiribati, océan Pacifique),
janvier 2010 © Alexandre Magnan.

Quatrième de couverture
La dense ville de Tokyo (Japon), mars 2012
© Alexandre Magnan.

Conception graphique de la couverture © guerillagrafik

Mise en pages
TyPAO sarl
75011 Paris

Imprimerie France Quercy
N° d'impression : 21990
Dépôt légal : janvier 2013